In liebevollem Gedenken

Geburt und Tod gehören zu jedem Leben – aber wer einen geliebten Menschen verloren hat, braucht oft lange Zeit, um den Schmerz zu überwinden, um den Tod des Ehepartners, eines Familienangehörigen oder Freundes zu akzeptieren. Der Gang zum Friedhof, die Pflege des Grabes zeugen oft von tiefer Verbundenheit, die Menschen über den Tod des anderen hinaus bewahren.

Die Blätter fallen, ...
.. und doch ist einer,
welcher dieses Fallen
unendlich sanft in
seinen Händen hält.

Rainer Maria Rilke

Ich möchte Sie mit diesem Buch ermutigen, Ihrem Gedenken in selbstgefertigter Trauerfloristik Ausdruck zu geben, denn dieser persönliche Grabschmuck ist immer etwas Besonderes. Wer in der Trauerfloristik an die gemeinsam verbrachte Zeit erinnert, wer dabei die Lieblingsfarben oder die Lieblingsblumen des Verstorbenen verwendet, hält die Erinnerung in liebevollem Gedenken wach.

Beim Auswählen und Sammeln der Materialien, beim Gestalten der Gestecke wandern die Gedanken dann oft zurück zu vergangenen Erlebnissen – man erinnert sich an gemeinsame Spaziergänge durch den herbstlichen Wald, an Ausflüge, an die Freude über die ersten Farbtupfer in den Frühlingswiesen ...
Jede Jahreszeit läßt wieder andere Erinnerungen wach werden, und warum sollte nicht ein weihnachtlich gestaltetes Herz auf dem Grab an viele harmonisch verlebte Weihnachtsfeste erinnern?

Sie finden in diesem Buch genaue Anleitungen für verschiedene Gesteckformen, für Kränze und Sträuße; viele Tips – zum Beispiel auch über das Binden von Schleifen – erleichtern das Nacharbeiten und sind auch für andere floristische Arbeiten nützlich.

Lassen Sie sich von den gezeigten Beispielen dazu anregen, mit selbstgefertigtem Grabschmuck ein ganz persönliches Zeichen der Verbundenheit zu setzen – ein liebevolles Gedenken!

Ihre

Elisabeth Kammerer

Werkzeuge und Hilfsmittel

Rebschere, Schere, Seitenschneider und Messer, auch Flachzange, Hammer, Nägel oder Schrauben, Schraubendreher, Drillbohrer und Klebepistole können bei manchen Arbeiten nützlich sein. Haften, Steck- und Wickeldraht sowie Steckziegel für Trocken- und Frischgestecke, Steckunterlagen in verschiedenen Formen und unterschiedliche Kranzunterlagen erhalten Sie im Fachhandel.

Steckmaterial

finden Sie im Wald, im eigenen Garten, beim Gärtner oder auch bei zentralen Sammelstellen für Gartenabfälle.
Es eignen sich vor allem Zweige von verschiedenen Nadelgehölzen (Weißtanne, Blaufichte, Zypressen, Wacholder, Eiben). Auch Machonien- und Rhododendronblätter können verwendet werden. Anstelle von dem oft erwähnten Moos sind auch Blätter oder kleine Zweige zum Abdecken zu empfehlen.

Dekorations-Material

erhalten Sie in vielen Fachgeschäften. In immer größerer Auswahl finden Sie hier exotische Fruchtstände aus allen Erdteilen (Lotoskolben, Cocosschalen, Palmspeere, Pilze, Protea, Banksia und vieles mehr). Natürlich können auch Blüten, Zapfen, Schoten, Gräser, Rinden usw. verarbeitet werden; mit Bändern und Kordeln bekommt Ihr Werk noch eine ganz besondere Note.

Hinweis

Ein Blumenstrauß oder ein Gesteck aus Schnittblumen behält seine schöne Form, wenn diese in ein Gerüst aus Draht gesteckt werden. Dazu aus Maschendraht einen lockeren Ball formen und in einem Übertopf, einer Vase oder Steckschale befestigen. Blätter oder Zweige dazufügen – so bleibt der Strauß auch bei stürmischem Wetter in Form!

4

5

Was Sie unbedingt beachten sollten

Die Steckmasse

Im Fachhandel finden Sie Steckmasse für Trocken- und Frischgestecke.
Prinzipiell gilt immer: Die Steckmasse lieber ein bißchen zu groß als zu klein zuschneiden, damit die Stiele genügend Halt finden. In einer großen Schale kann die Steckmasse auch mit einigen Steinen verkeilt werden. Alternativ zur gekauften Steckmasse bietet sich auch Moos an, das mit Wickeldraht fest zusammengebunden wird — hier ist beim Stecken etwas mehr Übung gefragt. Sie können aus den gekauften Steckmasseziegeln auch selbst Formen zuschneiden, zum Beispiel Herzen:

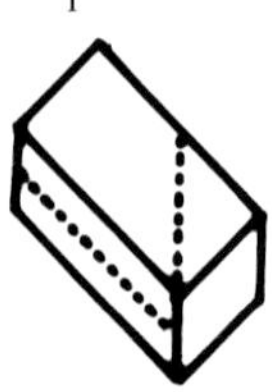

Von einem Steckziegel wird, wie die gepunktete Linie zeigt, eine Ecke abgeschnitten.

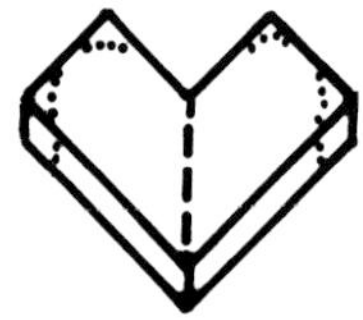

Das Reststück vorsichtig — entlang der gepunkteten Linie — in der Höhe halbieren. Diese zwei Teile mit der Klebepistole zusammenkleben und die Ecken herzförmig abrunden.
Zwei Schaschlikstäbe oder andere dünne Holzstäbchen, die Sie quer durchstecken, stabilisieren das Ganze; dies ist besonders bei Steckmasse für frische Blumen zu empfehlen.
Um die Steckmasse länger feucht und die Blumen damit auch länger frisch zu halten, wird ein Stück Alufolie als Auffangwanne unter die Herzform drapiert. Bedeckt wird das Ganze mit Moos, das Sie mit Haften feststecken.

Der Aufbau eines Gestecks

Anhand der folgenden Anleitung für den Aufbau eines ovalen Gestecks werden an dieser Stelle einige Punkte erklärt, die prinzipiell für alle Gestecke gelten. Ausschlaggebend für die Form des Gestecks ist immer die unterste Zweigreihe.

1. Ovales Gesteck

Hier sehen Sie die unterste Zweigreihe eines ovalen Gestecks von oben. Die seitlichen Zweige sind länger.

A

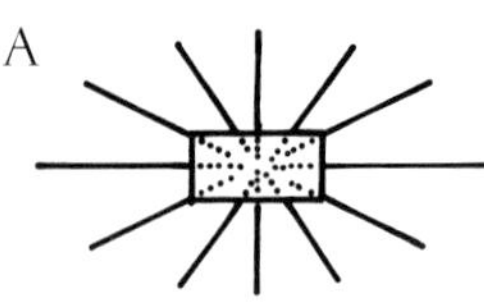

Spitzen Sie die Zweige immer an, oder schneiden Sie sie schräg ab; sie werden dann ganz leicht schräg nach oben zum Mittelpunkt des Steckziegels eingesteckt.

B

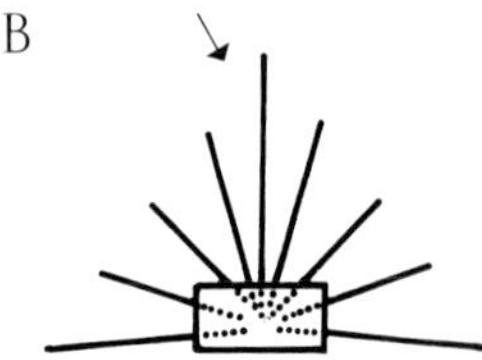

Mit einem Zweig (siehe Pfeil in Skizze B) legen Sie zuerst die Höhe Ihres Gesteckes fest; alle anderen Zweige werden nun zur Seite hin abgestuft eingesteckt, so daß in der Höhe die Form eines Dreiecks entsteht. Wenn der erste Zweig kleiner ist, wird das Gesteck eben dementsprechend niedriger.
Dieses Schema gilt natürlich auch für alle anderen Arten von Gestecken, wie zum Beispiel für Tisch- oder Adventsgestecke.

2. Rundes Gesteck

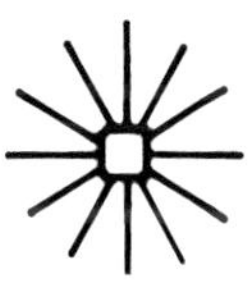

Dafür sollten alle Zweige etwa gleich lang sein — strahlenförmig im Steckziegel positioniert, bilden sie die Grundlage für ein rundes Gesteck.

3. Dreieckiges Gesteck

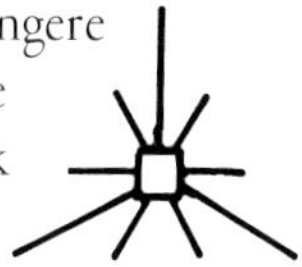

Wie auf der Zeichnung zu sehen, brauchen Sie hier drei längere Zweige, die das Dreieck markieren.
Die Zwischenräume werden mit kürzeren Zweigen ausgefüllt.

Schleifen binden

Einfache Schleife

Das Schleifenband wird zuerst wie ein Schal über Kreuz gelegt. Die Pfeile zeigen auf die Stellen, an denen das Band zusammengerafft und durch Umwickeln mit Steckdraht zu einer Schleife gebunden wird.

A

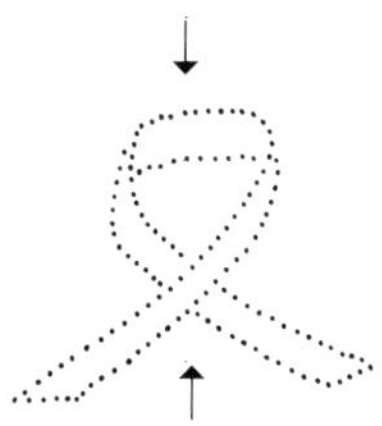

B

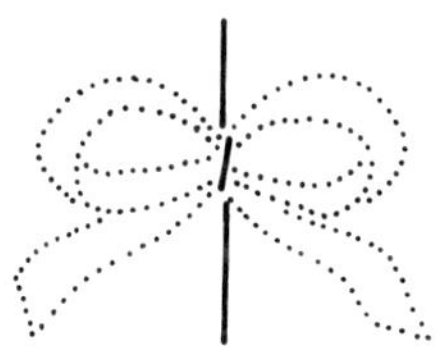

C

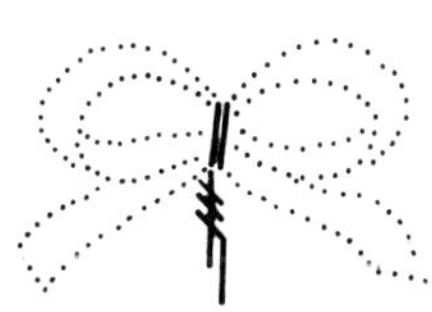

Sie können die gleiche Schleife auch zweimal formen, zusammenraffen, wenn nötig mit dünnem Draht fixieren und mit Steckdraht zu einer voluminöseren Schleife zusammenbinden.

Bei dieser Schleifenform kann auch ganz problemlos einseitig bedrucktes Band verwendet werden.

Doppelte Schleife

Skizze A zeigt, wie das Band zu Schlaufen gelegt wird, die jeweils an den Berührungspunkten leicht zusammengerafft und mit Steckdraht angedrahtet werden (siehe Skizze B).

A

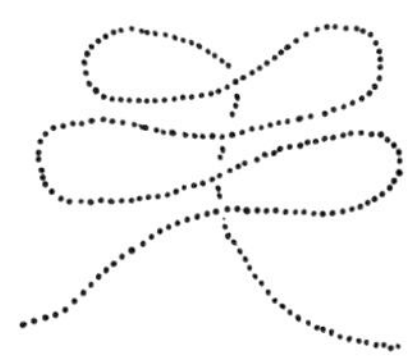

B

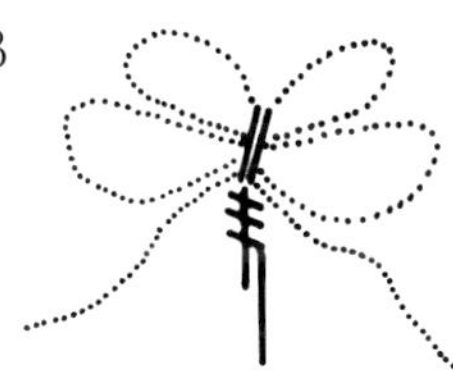

Kordelschleife

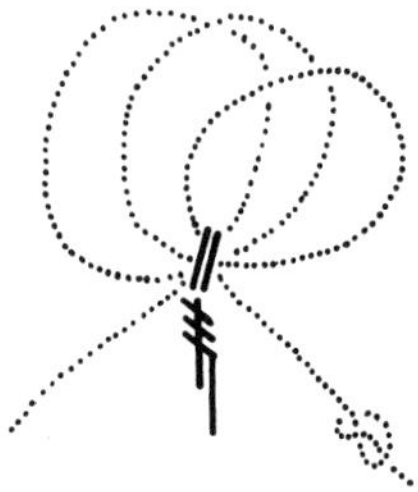

Die Kordel – je nach Wunsch – in verschiedene oder gleich große Kreise legen und mit Steckdraht abbinden. Knoten an den Kordelenden ergeben zusätzliche Effekte und verhindern das Ausfransen.

Fließend gebundene Schleife

Bei dieser Form werden verschieden große Schlaufen gelegt und mit Steckdraht zur Schleife gebunden

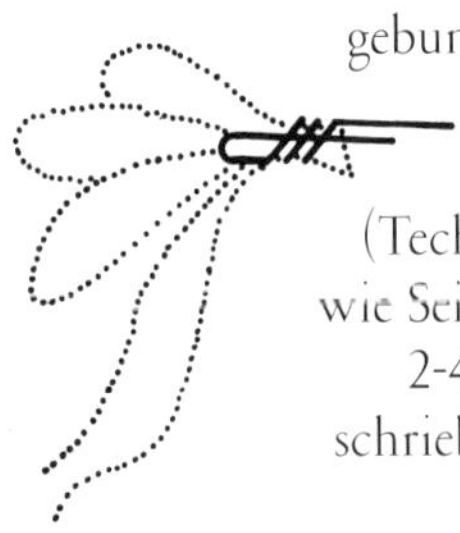

(Technik wie Seite 8, 2-4 beschrieben).

Schleife aus breitem Band

1. Von 1,10 m Moiréband, 10 cm breit, zwei Stücke à 30 cm abschneiden.

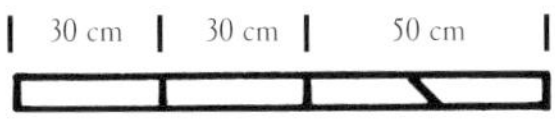

Den Rest, also die verbleibenden 50 cm, mit einem Schrägschnitt halbieren.
Wichtig: Breiteres Band muß länger, schmaleres Band kann kürzer sein!
2. Den Steckdraht zur Haarnadel biegen, wobei ein Endstück länger als das andere sein muß.

3. Ein schräg abgeschnittenes Bandstück wird zusammengerafft, auf die Haarnadel gelegt und beides mit Zeige-, Mittelfinger und Daumen der linken Hand festgehalten. Mit der rechten Hand wird der längere Draht nach oben gezogen und zum Winkel umgeknickt.

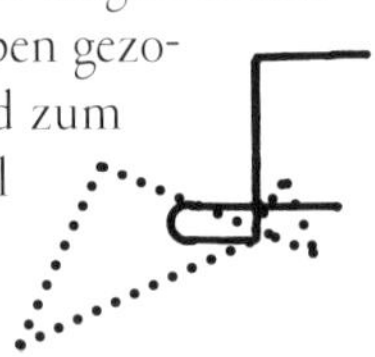

4. Wie durch Drehen einer Kurbel drahten Sie das Bandstück an.

5. Dann wird ein 30 cm langes Bandstück zur Schlaufe gelegt und ebenfalls wie oben angedrahtet.

Mit den restlichen Bandstücken genauso verfahren.

Die so vorbereiteten Einzelteile können im Gesteck ganz nach Belieben zu einer Schleife zusammengefügt werden.

6.

7.

8.

Tip

Diese Schleifen kommen besser zur Geltung, wenn die Einzelteile nicht zu eng zusammengesteckt werden.

Andrahten von Dekomaterial

.....1...... Lotoskolben
Mit Steckdraht oberhalb des Stielendes durch den Kolben durchstechen, die Drahtenden nach unten biegen und miteinander verdrehen.

.....2...... Baumpilze
Je nach Größe ein bis zwei Löcher in die Baumpilze stechen, mit Steckdraht versehen und befestigen.

.....3...... Zapfen
Der Steckdraht wird zwischen der untersten geöffneten Schuppenreihe um den Zapfen geführt, gut angezogen und am Ausgangspunkt zusammengedreht.

.....4...... Kleine Bündel Islandmoos, Zweige oder Blüten (Erika) werden wie das breite Band (Seite 8, Skizzen 2, 3 und 4) angedrahtet.

.....5...... Kerzen
Die angeschrägte Seite eines Steckdrahtes über einer Flamme erhitzen und vorsichtig von unten in die Kerze stecken, die Sie dazu am besten auf einen Tisch legen. Sitzt der Draht fest, schneiden Sie ihn in ausreichender Länge schräg ab.
Bei dickeren Kerzen empfiehlt es sich, mehrere Drähte auf diese Art zu befestigen.

Das Befestigen des Gestecks

Liegt das Gesteck auf dem Grab am richtigen Platz, kann es durch zwei dünne, x-förmig durch das Gesteck in den Boden geschobene Stäbe mit dem Boden verankert werden. So befestigt, bleibt es auch bei Sturm am richtigen Platz.

Soll das Gesteck auf einer Grabplatte liegen und kann nicht fixiert werden, empfiehlt es sich, den Steckziegel vor dem Bestecken auf einer passenden Fliese in eine dünne Folientüte einzupacken, die seitlich geschlossen und mit Haften am unteren Rand der Steckmasse befestigt wird. So gibt es keine Rostflecken auf der Grabplatte, das Gesteck ist durch die Fliese ausreichend beschwert, und durch die dünne Folie kann leicht durchgesteckt werden. Zudem bleibt der Steckziegel durch die Folie auch länger feucht (siehe Seite 4,1).

Alternativ können Sie auch Bauschaum direkt auf eine Fliese aufspritzen und als Steckunterlage verwenden, wenn Sie eine Grabplatte schmükken wollen.

Ovales Gesteck

1 Trockensteckziegel, Blaufichten-, Wacholder-, Muschelzypressen- und Machonienzweige, drei Banksia, 1,10 m Moiré-Band (10 cm breit), drei Lotoskolben, Islandmoos, vier Palmspeere und Steckdraht

So einfach läßt sich ein Gesteck herstellen

Bevor Sie mit dem Stekken beginnen, sollten Sie immer zuerst überlegen, wie hoch und wie breit Ihr Gesteck werden und wo es später liegen soll. Die Länge der Zweige bestimmt die Größe und die Form.
Hier zum Beispiel soll ein breites, ovales Gesteck entstehen. Es werden zwei gleichmäßige Zweige mit 25 cm für links und rechts, zwei Zweige mit 20 cm für vorne und hinten und vier Zweige mit 22 cm benötigt, die dazwischen eingesteckt werden (siehe dazu Seite 6, A). Die Stiele schräg anschneiden oder anspitzen und leicht schräg nach oben, auf den Mittelpunkt der Steckmasse zu, einstecken.
Wichtig: Wenn Sie jetzt erst bemerken, daß Ihre Zweige zu lang sind, sollten Sie sie auf keinen Fall wieder herausziehen – das höhlt die Steckmasse aus –, sondern nahe der Steckmasse abschneiden, nochmals anspitzen und neu einstecken.
Sind die Zweige zu kurz, können längere dazugesteckt werden.

......1...... Mit einem Zweig wird zuerst die Höhe festgelegt; der Zweig sollte in der Mitte der hinteren Hälfte eingesteckt werden, damit vorne noch genügend Platz für die Dekoration bleibt. Mit Moos abdekken, damit der Steckziegel nicht durchscheint.

......2...... Mit verschiedenen Zweigen die Form eines Dreiecks (siehe dazu Seite 6, B) – auf den Mittelpunkt zu – stecken.

......3...... Drei angespitzte Banksia in verschiedenen Höhen so einstecken, daß jede einzelne für sich wirkt.

1

2

3

4

5

......4...... 1,10 m Moiré-Band – wie auf Seite 8, 1-6 beschrieben – zuschneiden und zur Schleife formen, andrahten und zwischen den Zweigen positionieren.

......5...... Drei Lotoskolben andrahten und einstecken (siehe dazu Seite 9, 1).

6

......6...... Einige Büschel Islandmoos, locker angedrahtet, dazustecken (siehe dazu Seite 9, 4). So wirkt das Gesteck etwas schmäler und höher.

......7...... Die seitlich dazugefügten Palmspeere lassen das Gesteck breiter erscheinen – es wirkt größer und wuchtiger.

7

Rundes Gesteck

1/2 Trockensteckziegel, Zweige von Thuja, Wacholder, Kiefern und Zypressen, etwas Moos, Cocosschalen, Rosettenblüten und Protea, Steckdraht

Alle Zweige der untersten Reihe sind gleich lang und werden wie Sonnenstrahlen (vgl. dazu Seite 7, 2) in den Steckziegel gesteckt. Die Höhe mit einem Zweig markieren, den Steckziegel mit Moos abdecken und alle Zweige schräg abschneiden und einstecken, bis die Form einer Halbkugel entsteht. Nun werden die angespitzten oder angedrahteten Cocosschalen so plaziert, daß sie eine geöffnete Blüte andeuten, deren Mittelpunkt die Protea- und Rosettenblüten bilden.

Pyramidenförmiges Gesteck

Frostsichere Schale, Trockensteckziegel, Moos, Säuleneibenzweige, Banksia, Baumpilze, Schilfkolben, Banellazweige, Steckdraht und Bast

Der Trockensteckziegel wird so in die Schale eingepaßt, daß er ca. 4 cm über den Schalenrand ragt (siehe dazu Seite 4, 2). Mit Eibenzweigen die pyramidenartige Grundform herstellen (siehe dazu Seite 6, 7 und 10, 11). Sieben Banksia so einstecken, daß jede zur Wirkung kommt, das unterstreicht die Form des Gestecks. Dann drei Baumpilze andrahten (siehe Seite 9, 2) und wie eine Manschette einstecken. Die Schilfkolben abgestuft ergänzen. Banellazweige lockern das Ganze auf. Banksiablätter können, vom Stiel entfernt, mit Draht versehen (siehe Seite 9, 4) je nach Wunsch dazugesteckt werden.

Zum Schluß den Bast zu einer lockeren Kordel drehen, um das Gesteck legen, zu einem Knoten binden und so abschneiden, daß eine Quaste entsteht.

Schweden-Fries

Zwei Steckziegel, Brett, Nägel, Moos, Wickeldraht, Haften, Steckdraht, Banksia, Rosetten, Protea, Lotoskolben, Baumpilze und Islandmoos, Thuja-, Eiben-, Wacholder-, Muschelzypressenzweige und Waldreben

In ein 50 cm langes und 10 cm breites Brett (Dekkenbrett) werden acht Nägel so eingeschlagen, daß sich zwei Trockensteckziegel nebeneinander darauf aufspießen lassen (siehe Seite 4, 2). Nun werden die Steckziegel mit Moos abgedeckt, durch Umwinden mit Wickeldraht wird das Ganze noch einmal

stabilisiert, und nun kann mit der Dekoration begonnen werden.

Zuerst befestigen Sie einige ca. 50 cm lange Waldrebenstücke mit Steckdraht auf dem Fries. Je zwei ca. 30 cm lange Wacholderzweige werden seitlich so flach eingesteckt, daß sie sich in der Mitte überschneiden. Sie müssen, damit sie nicht abstehen, am Ende des Gesteckes noch einmal festgesteckt werden; biegen Sie dazu aus Steckdraht eine Art „Haarnadel". Alternativ können Sie auch eine große Hafte verwenden. An beiden Enden – eventuell auch seitlich – noch einige Zweige einstecken. Das Ganze sollte gleichmäßig wie ein Balken wirken. Jetzt Banksia, Rosettenblüten und Protea anspitzen und einstecken. Lotoskolben, Baumpilze, Islandmoos und Blätter von Banksia mit Steckdraht andrahten (siehe Seite 9) und ergänzen. Mit kleinen Eiben- und Muschelzypressenzweigen die Lücken füllen.

Flaches, ovales Gesteck

Trockensteckziegel, Kiefern- und Blaufichtenzweige, Banksia, Banksiablätter, Hartriegelstäbe aus dem Garten, Moiré-Band (1,80 m), Steckdraht

Mit Blaufichten- und Kieferzweigen eine ovale Form stecken (siehe dazu Seite 6, A-B und Seite 10, 11). Halten Sie die nach oben zeigenden Zweige etwas kürzer, damit ein flacher Hügel entsteht. Mit Banksia gleichmäßig bestecken.

1,80 m Moiré-Band zerschneiden, zu Schleifen formen, mit Steckdraht andrahten und in Gruppen einstecken (siehe dazu Seite 8, 1-5 und 7). Zur Auflockerung dienen die mit Draht befestigten Banksiablätter (siehe Seite 9, 4).

Zwei mit Steckdraht versehene Hartriegelstäbe ebenfalls an der gewünschten Stelle plazieren.

Asymmetrisches Gesteck mit frischen Blumen

Steckschale, Steckziegel für frische Blumen, einige Ahornblätter, Wacholder-, Thuja- und Zypressenzweige, Gerbera, Rosen und Ligusterzweige mit Beeren, eventuell etwas Stützdraht

Wenn sich der Steckziegel mit Wasser vollgesaugt hat, wird er so in die Steckschale eingepaßt, daß er gut hält und 3—4 cm über den Schalenrand ragt, damit auch seitlich Zweige und Blumen eingesteckt werden können.

...... Ein wichtiger Tip......

Vor dem Stecken müssen Sie alle Blumenstiele schräg anschneiden!

So einfach läßt sich das asymmetrische Gesteck herstellen

1

......1...... Die Steckmasse mit Ahornblättern abdecken.

2

......2...... Arbeiten Sie wie auf Seite 6, 1 beschrieben — allerdings werden hier verschieden lange Wacholder-, Thuja- und Zypressenzweige seitlich asymmetrisch eingesteckt; und mit einem Zweig wird die Höhe festgelegt.

......3...... Mit den restlichen Zweigen die gewünschte Form (siehe dazu Seite 6, B) stecken.

......4...... Zur Auflockerung einige Ligusterbeerenzweige hinzufügen.

......5...... Die Blumen werden asymmetrisch in zwei Gruppen – Gerbera und Rosen – eingesteckt.

Noch ein Hinweis

Damit die Blumen in der gewünschten Form stehenbleiben, können Sie die Stiele mit Draht verstärken. Der Stützdraht wird dazu in den Fruchtkelch der Blume eingesteckt, dann umwickeln Sie damit den Stiel, indem Sie die Blume einfach drehen. Die Drahtenden werden am Schluß an einer Stelle mehrmals um den Stiel gewickelt.

Gesteck aus Mummis und Rosen

Steckziegel für frische Blumen, Gitterkörbchen, flache Schale, Blaufichtenzweige, weiße Mummis und rote Rosen

Den Steckziegel mit Wasser vollsaugen lassen, mit einem Gitterkörbchen umhüllen und mit Blaufichtenzweigen eine ovale Form stecken (siehe dazu Seite 6 und Seite 10, 11). Die restlichen Zweige etwas kürzer halten, damit das Gesteck nicht zu hoch wird. Die Blumen so zwischen den Zweigen positionieren, daß ein kleiner Blumenhügel entsteht.

Sonnenblumengesteck

Flache Schale, Steckziegel für frische Blumen, Steckdraht, Moos, kleine Äpfel, Wacholder-, Thuja- und Buchszweige, Maisblüten, -blätter und -stengel, Liguster-, Weißdorn- und Ebereschenzweige mit Beeren und eine Sonnenblume

Die Steckmasse anfeuchten, zuschneiden und so in die flache Schale drücken, daß noch 3–4 cm davon über den Schalenrand ragen. Mit Moos abdecken und die angespitzten Zweige von Wacholder, Buchs und Thuja möglichst flach in den Steckziegel stecken. Das gleiche gilt auch für die Maisblüten, -blätter und -stengel.
Auch die kleinen Äpfel, die Liguster-, Weißdorn- und Ebereschenzweige mit den Beeren dazustecken.
Zum Schluß den Stengel der Sonnenblume auf die gewünschte Länge abschneiden und vor dem Einstecken kurz in kochendes Wasser tauchen, so bleibt die Blüte länger frisch.

Ein Herz-Gesteck im Wandel der Jahreszeiten

Grundbasis:

Herzform (Biolit 30 cm), Moos, Haften, Steckdraht

Sie finden im Fachhandel fertige Herzformen; alternativ können Sie sie auch selbst herstellen wie für das Winter- und das Weihnachtsherz (siehe dazu S. 6). Die Grundbasis für das Herz können Sie in der Abbildung links gut erkennen. Dazu die Steckform mit Wasser kräftig anfeuchten, ganz mit Moos abdecken, das überstehende Moos in den Schalenrand stekken und eventuell noch mit Drahthaften befestigen. Auf dieser Basis werden auch die folgenden Gestecke aufgebaut.

Herbst

(siehe Abbildung links)

Zusätzlich zur fertigen Grundbasis: Rhododendronblätter, Ligusterbeeren und weiße Rosen

Rhododendronblätter plazieren, einige Ligusterbeerenzweige und die vielleicht letzten Rosen aus dem Garten dazustecken.

Frühling

Zusätzlich zur fertigen Grundbasis: Efeuranken, Palmkätzchen, Buchs, Primeln, Narzissen, Birkenzweige, Schleifenband

Zwei schöne, gleichmäßige Efeuranken im Herzeinschnitt einstecken und links und rechts, dem Rand entlang, zur Spitze führen. Dort ebenfalls einstecken oder mit einer Klammer befestigen. Primeln, Narzissen, Palmkätzchen, Birkenzweige und Buchs dazustecken. Das Band zur Schleife binden und nach Belieben ergänzen.

Sommer

Zusätzlich zur fertigen Grundbasis: Efeu, Rosen, Rhododendronblätter, ein Bündel Binsen oder Gräser, Goldband oder Kordel

Den seitlichen Rand der Form mit Efeublättern, die mit Haften festgesteckt werden, abdecken. Dann wird das ganze Herz mit Rosen besteckt, beginnen Sie dabei mit der äußeren Reihe. Einige Binsen oder Gräser mit Steckdraht zusammenbinden, mit Band oder Kordel umwickeln und an der gewünschten Stelle plazieren.

Natürlich können Sie verblühte Rosen jederzeit austauschen oder das Ganze mit anderen Blumen gestalten.

...... Übrigens ....
Auch eine einzelne
Rose auf Grün kann alles
sagen ...!

Winter
(siehe Abbildung S. 25)

Zusätzlich zur fertigen Grundbasis: Muschelzypressen-Blaufichten- und Buchszweige, Palmspeer, Banksia und Banksiablätter, Islandmoos, Kordel (50 cm), Bouillondraht

Diese Dekoration hält den ganzen Winter. Drei kleine Blaufichtenzweige, eine Banksia, ein Palmspeer (in der Mitte gespalten), drei kleine Banksiablätter und das Islandmoos vorsichtig andrahten (siehe Seite 9, 4) und alles der Reihe nach einstecken. 50 cm Kordel zur Schleife formen (siehe Seite 8) und mit einer Drahthafte feststecken; die Kordelenden mit einem Knoten abschließen. An zwei Efeuranken die Blätter entfernen und in einem lockeren Bogen einstecken. Die Lücken mit kleinen Zweigen aus Buchs oder Muschelzypressen füllen. Zum Schluß ein Stück Stiel vom Palmspeer mit Bouillondraht umwickeln und mit Steckdraht befestigen.

Weihnachten
(siehe Abbildung S. 25)

Zusätzlich zur fertigen Grundbasis: Machonienblätter, Muschelzypressen, Christrosen, Engel, Kerzen, Band und Kordel

Drei Machonienblätter, zwei Zweige Muschelzypressen und zwei Christrosen als Dekoration einstecken. Das Goldgitterband, leicht drapiert, unterstreicht die Herzform und endet in einer kleinen Schleife, die zusammen mit einer Kordel und etwas rotem Band mit einer Hafte festgesteckt wird. Ein kleiner Engel, der mit einem Holzstab befestigt wird, und vier kleine Kerzen (siehe Seite 9, 5) stimmen weihnachtlich.

Zwei Kreuz-Gestecke

Herbstblumenkreuz

Kreuzform, Moos, weiße Erikazweige und Mummis in den Herbstfarben

Die Arbeitsweise ist die gleiche wie bei dem winterlichen Kreuz: Auch hier wird jeweils von außen begonnen und zur Mitte hin gearbeitet. Den Mittelpunkt etwas höher stecken und mit einigen Efeuranken auflockern.

Winterliches Kreuz

Kreuzform, verschiedene Wacholder- und Zypressenzweige, Banksia, Banksiablätter, Protea, Moos, Rosettenblüten, Banellazweige, Lampionblüten und Steckdraht

Die Kreuzform wird zuerst mit Moos abgedeckt, wobei Sie es ab und zu anhaften können. Jeweils von außen beginnend, verschiedene, 10–15 cm lange Wacholder- und Zypressenzweige ein-

stecken. Der Mittelpunkt wird durch die leicht strahlenförmige Anordnung der Banellazweige, der Protea und Banksiablätter besonders betont. Einzelne Lampionblumen und Rosettenblüten werden dazwischengesteckt.

Steckkissen

Steckkissen aus Styropor (25 cm), Islandmoos (natur), kleine Erlenzapfen, Wacholderbeeren, Samtband und Steckhaften, Steckdraht

Kleine Bündel feuchten Islandmooses werden – von außen beginnend – schuppenartig zur Mitte hin mit Haften festgesteckt.
Aus Samtband eine Kordel drehen, in Wellenform auf das Kissen legen und mit Haften oder Stecknadeln feststecken.
Ein ca. 3 cm breites Band aus Zweigen mit Wacholderbeeren daneben haften und mit einer Reihe angedrahteter Erlenzapfen abschließen.

Herbstliches Steckkissen

Steckkissen aus Styropor (25 cm), Islandmoos, Haften, Steckdraht.
In Ihrem Garten oder bei einem Waldspaziergang finden Sie die Beeren, Blätter, Fruchtstände etc., die zur Dekoration verwendet werden können.

Das Kissen wird zuerst – wie auf Seite 28 beschrieben – mit Islandmoos bedeckt, allerdings nicht ganz bis zur Mitte, denn unter der Dekoration kann man darauf verzichten. Am äußeren Rand des Steckkissens werden von unten her in gleichmäßigem Abstand Rhododendronblätter angehaftet. Ebereschenbeeren, Hagebutten, Ligusterbeeren, Zierapfel und Fruchtstände der Waldrebe werden noch zusätzlich so aufgelegt und festgehaftet, daß in der Mitte der mit Steckdraht angedrahtete Sonnenblumen-Fruchtstand zum Schluß seinen Platz findet.

Efeukranz

Efeuranken, Kordel (grün-weiß und weiß-gold), Terrakottaengel, Golddraht und ein Stück Perlenschnur

Mit möglichst langen Efeuranken werden zuerst einige Kreise in der gewünschten Größe des Kranzes gelegt. Die Ranken dann wie zum Knoten durchziehen und den Kranz locker umwinden. Immer wieder neue Ranken dazustecken und umschlingen, bis das gewünschte Volumen erreicht ist.
Die Kordeln an der Stelle um den Kranz schlingen, die vielleicht nicht so gut gelungen ist; Knoten an den Enden geben zusätzliche Effekte.
Alle 15–20 cm werden zwei von der Perlenschnur abgeschnittene Perlen befestigt; umwickeln Sie sie dazu mit Golddraht. Den so präparierten Golddraht locker auf dem Kranz drapieren. Zum besseren Halt den Draht ab und zu um ein Efeublatt wickeln.
Befestigt wird der Engel mit einem ca. 15 cm langen Holzstab, der in die Bodenöffnung der Figur gesteckt wird.
Das andere Ende des Stabes wird später durch den Kranz in die Erde gesteckt – so bleibt der Kranz bei jedem Wetter an seinem Platz.

So einfach läßt sich ein Kranz herstellen

Der Fachhandel bietet verschiedene Kranzunterlagen an (siehe Seite 4, 1). Auf einer Kranzunterlage für frische Blumen wurde der Herbstkranz von Seite 33 gearbeitet. Bei allen anderen Modellen dieses Buches wurden Strohkränze verwendet, die man vor der Verarbeitung mit Vliesband umwickeln kann, aber nicht muß. Die Abbildung oben zeigt die verschiedenen Wickel- und Hafttechniken für die Grundbasis von Kränzen.

Wickeltechnik

(siehe oben, linker Kranz)

.....1..... Zuerst werden, je nach Volumen des Kranzes, 15–20 cm lange Zweige von Fichten, Kiefern oder Koniferen zugeschnitten. Danach wird der Anfang des Wickeldrahtes an der Kranzunterlage festgebunden. Eine Reihe Zweige wird dicht nebeneinander auf den Kranz gelegt und mit Draht von rechts unten nach links zweimal über die Stielenden der Zweige gewickelt. Die nächste Reihe muß die vorhergehende schuppenartig überdecken. Damit eine gleichmäßige Dichte erreicht wird, sollten Sie am Außenrand, wegen des dort größeren Umfangs, in gleichmäßigen Abständen zusätzlich noch einige Zweige anordnen.

.....2..... Eine Alternative der Wickeltechnik sehen Sie am selben Kranz unter Punkt 2: Hier wird die Unterlage mit Moos bedeckt, das mit Wickeldraht umwunden wird. Dann bestecken Sie den ganzen Kranz mit längeren Wacholderzweigen, die möglichst flach auflie-

gen sollten und mit Haften befestigt werden.

Hafttechnik

.....3...... Die Strohkranz-Unterlage wird mit Moos bedeckt, ab und zu gehaftet — dies ist eine ideale Unterlage z.B. für einen Waldkranz (siehe Seite 32, 3).

.....4...... Die Arbeitsweise gleicht hier der Wickeltechnik (siehe Seite 32, 1), allerdings werden die Zweige etwas kürzer geschnitten und nicht mit Wickeldraht gebunden, sondern einzeln bzw. bündelweise mit Haften festgesteckt.

.....5...... Eine fünfte Alternative ist auf Seite 32 ebenfalls zu sehen: Legen Sie in schuppenartigen Reihen Islandmoos um den Kranz, und befestigen Sie es dabei mit Haften (siehe Seite 32, 5).

...... Noch ein Tip........................

Ein Stückchen Steckmasse (für Trocken- oder Frischgestecke) wird mit Moos umkleidet und mit Steckdraht am Kranz befestigt — so kann es als Steckunterlage für die Dekoration auf diesen Kränzen verwendet werden (siehe Seite 32, 6).

Herbstblumenkranz

(siehe Abbildung Seite 33)

Kranz (Biolit, 32 cm), Moos, bunte Herbstblumen, etwas Buchs und Rosenblätter, Steckdraht

Ganz einfach läßt sich so ein hübscher Kranz, je nach Jahreszeit, herstellen. Die Steckmasse mit Wasser vollsaugen lassen, sorgfältig mit Moos überdecken und vorsichtig mit Blumen bestecken. Damit sie nicht abknikken, die Stiele schräg anschneiden und zum Einstecken ganz unten halten. Das Moos mit den Stielen etwas zur Seite schieben, erst dann, wenn sie in der Steckmasse Halt gefunden haben, vorsichtig nachschieben. Bei sehr zarten Blumen empfiehlt es sich, mit einem dünnen Stab oder einer Stricknadel vorzustechen.

Kranz mit asymmetrischer Dekoration

Strohkranz, Wacholder-, Blaufichten-, Eiben- und Machonienzweige, Banksia, Palmspeere, Baumpilze, Lotoskolben, Erikazweige, Kordel, Steck- und Wickeldraht

Mit Wacholder- und Blaufichtenzweigen den Kranz wickeln (siehe Seite 32, 1). Hier wurde die Dekoration direkt in den fertig gebundenen Kranz eingesteckt. Zwei Banksia und fünf Palmspeere auf die gewünschte Länge schräg abschneiden oder anspitzen und in dem Kranz positionieren. Die abgeschnittenen Palmspeerstiele in einer Gruppe dazustecken, mit angedrahteten Baumpilzen und Lotoskolben ergänzen (siehe Seite 9). Zur Auflockerung Eiben-, Machonien- und Erikazweige dazwischenstecken. Die Kordel in Kreise legen (siehe Seite 8), die Enden mehrmals mit Knoten versehen, andrahten und befestigen.

Kranz mit Banksia

(siehe Abbildung oben)

Strohkranz, Moos, Wacholderzweige mit Beeren, Waldrebe, Cocosschalen, Lotoskolben, Banksia, Kordel, Wickel- und Steckdraht

Laut Beschreibung (siehe dazu Seite 32, 2) die Kranzbasis herstellen.
In den so vorbereiteten Kranz eine Waldrebenranke flach einstecken und der Kranzform folgend einige Runden legen. Das Ende der Rebe im Kranz befestigen.
Jetzt werden die gekürzten, schräg angeschnittenen Banksia ungleichmäßig mit leichtem Druck eingesteckt. Die Cocosschalen können, wenn sie zu breit sind, gespalten, danach angespitzt und nach Vorlage zusammen mit den angedrahteten Lotoskolben (siehe dazu Seite 9, 1) in den Kranz integriert werden.

Zum Schluß wird eine farblich passende Kordel um das Ganze geschlungen, deren Enden mit Steckdraht befestigt werden.

Waldkranz

(siehe Abbildung unten)

Der Name sagt es schon – alles, was im Wald zu finden ist.

Die Kranzunterlage herstellen (siehe dazu Seite 34, 3).
Nun werden auch hier die Waldrebe und die Efeuzweige, wie beim Banksia-Kranz beschrieben, befestigt. Pilze, Zapfen, Baumrinden, Herbstlaub, bemooste Zweige und Fruchtstände werden mit Steckdraht angedrahtet und auf dem Kranz plaziert. Die Schneckenhäuser und den bemoosten Ast sollten Sie mit der Klebepistole anbringen.

Natürlich können Sie auch mit anderen Zapfen, mit Hagebutten, Kiefer-, Wacholder- und Flechtenzweigen dekorieren – die Natur liefert Material in Fülle.

Trockenstrauss für die Grabvase

Machonien, Buchs, Muschelzypressen und verschiedene Wacholderzweige, Banksia, Cocosschalen, Rosettenblüten, Banellazweige, Steck- und Wickeldraht

Aus langen Birken- oder Wacholderzweigen einen 20 cm großen Kranz winden (siehe dazu Seite 31).
An drei Stellen je einen Steckdraht am Kranz befestigen. Die Drahtenden nach unten biegen und wie einen Strauß halten. Dann werden Banksia, Buchs und verschieden lange Zweige durch die Kranzöffnung gesteckt und zusammen mit dem Draht festgehalten. Ist die Kranzöffnung ausgefüllt, können von unten her längere Zweige hinzugefügt werden.

Angedrahtete Cocosschalen, Banellazweige und Rosettenblüten werden eingesteckt. Die Lücken mit Buchsbaum oder Muschelzypressen ausfüllen. Zum Schluß die Stiele mit Wickeldraht zusammenbinden.

Ein kleiner Strauss für Freud und Leid

Herbstastern, Rosen, Lederfarn, Bast oder Geschenkbänder zum Binden

Ein kleines Bündel Herbstastern dient als Stütze. Eine Rose, als Mittelpunkt etwas erhöht, bestimmt die Höhe. Die folgenden Rosen, etwas kürzer, leicht schräg angeordnet, geben die Form. Wer möchte, kann jetzt zum ersten Mal mit Bast den Strauß binden und damit die Form fixieren.
Nun können die restlichen (Stütz-)Astern und Rosen schräg um den Mittelpunkt angeordnet werden, so daß die Blüten die Form einer Halbkugel und die Stiele die Form einer Spindel bilden. Auch hier kann nochmals abgebunden werden!
Eine „Manschette" aus Lederfarn wird um den Strauß gelegt, und dann wird überprüft, wo vielleicht noch eine Rose fehlt, die auch jetzt noch von oben dazugesteckt werden kann.

Zum Abschluß mit Bast oder Geschenkband binden.

...... Übrigens ......

Mit verschiedenen Schleifen verziert (siehe Seite 7-8), bekommt Ihr Strauß gleich ein anderes Gesicht!

1

2

3

Kleiner Biedermeierstrauss

Sedumblüten (Fetthenne), Spraynelken, Ligusterbeeren, Efeuranke, Blätter, Golddraht und Bast oder Geschenkbänder

Die einzelnen Sedumblüten werden mit Nelkenblüten besteckt und mit einigen Ligusterzweigen zu einem halbkugelförmigen Strauß gebunden. Blätter aus dem Garten werden als „Manschette“ angeordnet und zusammen mit einer langen Efeuranke festgebunden. Die Efeuranke zwischen Blattmanschette und Strauß zu einem Kranz winden und das Ende zurückstecken. Auf ein Stückchen Golddraht werden Ligusterbeeren aufgespießt und auf dem Strauß drapiert.

ROSENSTRAUSS

Rosen, Mummis, weiße Erika, Rhododendron- und Wacholderzweige, Efeuranken, Bast- oder Geschenkband zum Binden

Aus dem angegebenen Material einen Strauß herstellen (siehe dazu Seite 40). Um eine fließende Form zu erreichen, an der Unterseite einige längere Zweige, Efeuranken, Blätter und Blüten dazufügen und alles mit Bast oder Geschenkband abbinden.

Kondolenz-Karten

Wer selbst schon einen geliebten Menschen verloren hat, weiß, wie wichtig es ist, in dieser Zeit von der Familie und von lieben Freunden gehalten zu werden. Oft bedarf es gar nicht vieler Worte, um dem Trauernden zu zeigen, daß er in seinem Leid nicht alleine ist. So können zum Beispiel auch liebevoll gestaltete Kondolenzkarten ein Zeichen für herzliche Anteilnahme sein.

Sie finden auf den Seiten 44, 45 und 47 ganz verschiedene Beispiele für stilvolle Kondolenzkarten. Der Fachhandel bietet eine große Anzahl an Passepartoutkarten, auf denen Sie die Dekomaterialien am besten mit Sprühkleber fixieren. Natürlich können Sie Passepartoutkarten auch selbst herstellen und verzieren.

Feine Gräser,
Blüten, Blätter,
Schilf, Silberblatt,
Samt, Seide,
gepreßte Alufolie,
Stoffmalfarben
(Glitter und Tulip Pearl)

Einige Tips

...... Gräser und Blüten sollten vor dem Aufkleben gepreßt oder zwischen Alufolie und Butterbrotpapier gebügelt werden; so können Sie dann zum Beispiel Streifen oder andere Formen daraus schneiden.

...... Wenn Sie einzelne Gräser aufkleben wollen, halten Sie sie am besten über eine alte Zeitung. Die Rückseite mit Sprühkleber besprühen und möglichst sofort auf der Karte fixieren.

...... Sollen ganz kleine Dekoteile aufgeklebt werden, sprühen Sie den Klebstoff auf ein Stück Folie, tauchen das Teil ein und kleben es an. Nach dem Aufkleben der Gräser und Blüten legen Sie ein Stückchen Butterbrotpapier darüber, drücken kurz an und entfernen das Butterbrotpapier anschließend gleich wieder.

...... Wenn der ganze Ausschnitt einer Passepartoutkarte gestaltet werden soll, besprühen Sie ihn mit Sprühkleber und bringen dann die Dekoelemente möglichst rasch an – deshalb ist es sinnvoll, wenn Sie sich schon vorher überlegen, wie Sie alle Teile anordnen wollen.

...... Auch die ausgestanzten Teile der Passepartoutkarten können auf einfache Karten geklebt und liebevoll gestaltet werden (siehe Seite 44, links oben).

Im frechverlag sind zahlreiche Titel mit interessanten Kreativtechniken erschienen:

TOPP 1617

TOPP 2055

TOPP 2079

TOPP 1949

TOPP 2026

TOPP 2078

TOPP 2063

TOPP 2061

TOPP 1927